런런 옥스퍼드 수학

KB130637

1권

수 0~10 알기

안녕!
나는 디짓이고
이 친구는 피짓이야.

차 례

 수 세기

 쓰기

 말하기

 색칠하기

 그리기

 동그라미 하기

 선 잇기

 손가락으로
따라 쓰기

 연필로 따라 쓰기

 놀이하기

스티커 붙이기

길쭉한 고리를 그려 봐. 그게 바로 숫자 0을 쓰는 방법이야.

숫자 0

 손가락으로 숫자 0을 따라 쓰세요.

 0(영)을 소리 내어 읽어 보세요.

영

 점선을 따라 숫자 0을 쓰세요.

0   0   0   0   0

 숫자 0을 모두 찾아 ◯표 하세요.

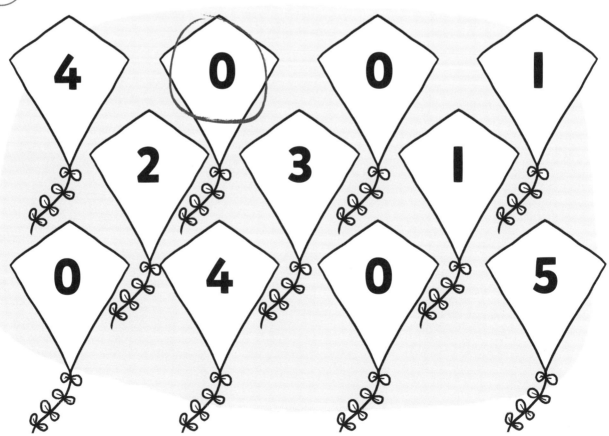

풍선의 수가 0인 것을 찾아 ◯표 하세요.

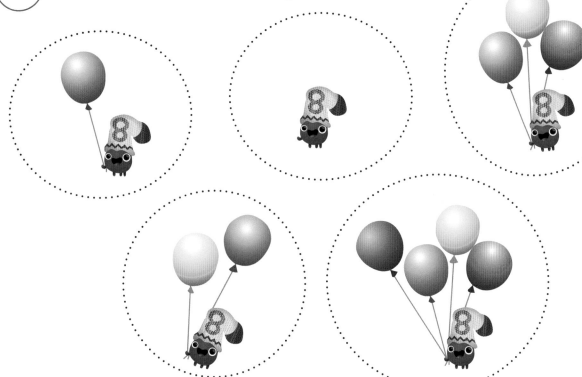

 숫자 0을 쓰세요.

아무것도 없는 것이
'0'이야.

잘했어!

칭찬 스티커를
붙이세요.

 숫자 0 놀이

쟁반 위에 밀가루를 고르게 뿌려 놓은 다음, 숫자 0을 쓰세요.
밀가루를 다시 고르게 한 다음 여러 번 반복해서 써 보세요.

색점토를 이용해서 긴 동그라미 모양의 숫자 0을 만드세요.

문제를 다 푼 다음, 32쪽으로!

숫자 Ⅰ

위에서 아래로 반듯하게
선을 그어 봐.
그게 바로 숫자 Ⅰ을 쓰는
방법이야.

 손가락으로 숫자 Ⅰ을 따라 쓰세요.

 Ⅰ(일, 하나)을 소리 내어 읽어 보세요.

일(하나)

 점선을 따라 숫자 Ⅰ을 쓰세요.

 빈 곳에 알맞은 스티커를 찾아 붙이세요.

| 스패너 **하나** | 망치 **하나** | 톱 **하나** |

공구의 수를 세어 보고, 수가 **I**인 것을 모두 찾아 ○표 하세요.

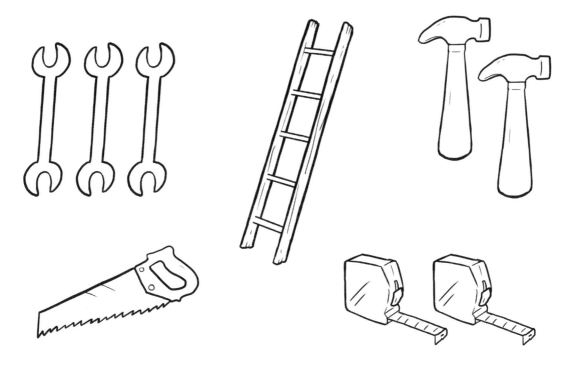

 숫자 **I**을 쓰세요.

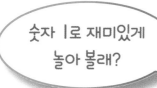
숫자 **I**로 재미있게
놀아 볼래?

잘했어!
칭찬 스티커를
붙이세요.

 숫자 **I** 놀이

접시에 물을 붓고, 손가락에 물을 묻혀서 종이에 숫자 1을 써 보세요.
종이의 물이 마르면 여러 번 반복해서 써 보세요.

숫자 탐정이 되어 볼까요? 부모님과 함께 길을 걸어가면서 간판이나 표지판에서
숫자 1을 찾아보세요. 몇 개나 찾을 수 있을까요?

배를 그리고 돛을 하나 그린 다음, 그 위에 숫자 1을 써 보세요.

문제를 다 푼 다음, 32쪽으로!

숫자 2

 손가락으로 숫자 2를 따라 쓰세요.

 2(이, 둘)를 소리 내어 읽어 보세요.

이(둘)

점선을 철길이라고 생각해 봐. 철길을 따라 둥글게 돌아가 옆으로 쭉 가면 숫자 2!

 점선을 따라 숫자 2를 쓰세요.

2 2 2 2 2

 주사위 점의 수를 세어 보고, 수가 2인 것을 모두 찾아 ○표 하세요.

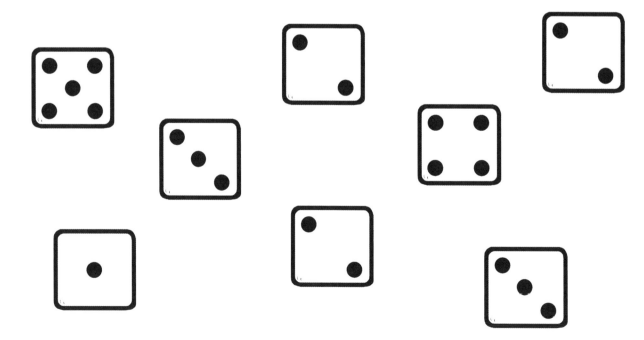

놀이 기구의 수를 세어 보고, 수가 **2**인 것을 모두 찾아 숫자 **2**와 선으로 이으세요.

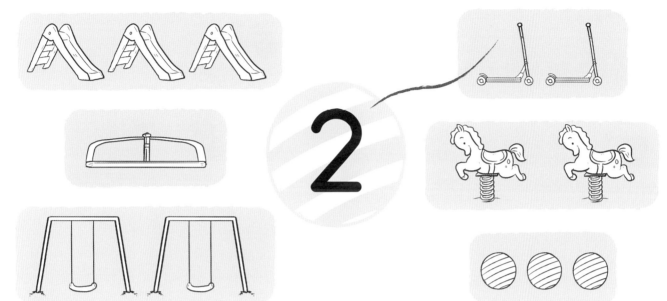

 숫자 **2**를 쓰세요.

 재미있는 숫자 노래 알고 있니?

 숫자 **2** 놀이

숫자와 관련된 재미있는 노래를 찾아보세요. '열 꼬마 인디언'도 있고 '하나 하면 할머니가'도 있어요. 신나게 율동을 하면서 노래를 불러 보세요.

둘이 함께 짝을 이루는 물건이 있어요. 운동화, 양말, 장갑 외에 어떤 물건이 있는지 찾아보세요.

부모님과 함께 산책하면서 길에서 주울 수 있는 것들을 두 개씩 모아 보세요.

잘했어!

칭찬 스티커를 붙이세요.

문제를 다 푼 다음, 32쪽으로!

숫자 3

 손가락으로 숫자 3을 따라 쓰세요.

 3(삼, 셋)을 소리 내어 읽어 보세요.

3

삼(셋)

둥글게 한 번 돌고, 또 한 번 둥글게 돌면 숫자 3 완성!

 점선을 따라 숫자 3을 쓰세요.

3 3 3 3 3

 양 3마리, 소 3마리, 말 3마리에 각각 색칠하세요.

양의 수를 세어 보고, 수가 **3**인 것을 모두 찾아 ◯표 하세요.

 숫자 **3**을 쓰세요.

잘했어!

 숫자 3 놀이

인형을 가지고 재미있는 가게놀이를 해요. 인형 3개를 나란히 놓은 다음, 인형 하나에 사탕 하나씩 놓아요. 바나나도 인형 하나에 하나씩 놓아요. 인형도, 사탕도, 바나나도 모두 각각 3이에요.

『금발 머리 소녀와 곰 세 마리』와 같이 주인공이 셋인 이야기를 찾아봐요.

스케치북에 좋아하는 동물을 세 마리 그려 보세요.

칭찬 스티커를 붙이세요.

난 『아기 돼지 삼형제』 이야기를 좋아해.

문제를 다 푼 다음, 32쪽으로!

숫자 4

 손가락으로 숫자 4를 따라 쓰세요.

 4(사, 넷)를 소리 내어 읽어 보세요.

사(넷)

아래로 비스듬하게 쭉,
옆으로 쭉,
아래로 다시 한번 쭉!
숫자 4를 쓰는 방법이야.

 점선을 따라 숫자 4를 순서대로 쓰세요.

 모양의 수를 세어 보고, 수가 4인 것을 모두 찾아 색칠하세요.

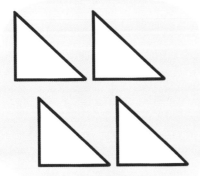

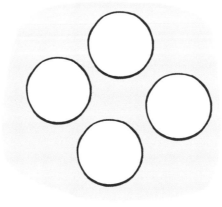

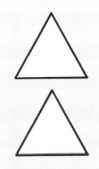

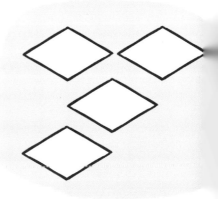

숫자 **4**를 모두 찾아 **4** 스티커를 붙이세요.

4   5   4   3

1   2   4

4   3   5

숫자 4
모두 찾았니?

 숫자 **4**를 순서대로 쓰세요.

4

 숫자 4 놀이

종이 위에 커다랗게 숫자 4를 써요. 숫자 4 아래에 눈, 코, 입이 각각 넷,
팔도 넷, 다리도 넷인 재미있는 몬스터를 그려 보세요.

식빵을 반으로 잘라요. 반으로 자른 식빵을 각각 다시 반으로 잘라요.
자른 식빵을 하나씩 짚으며 수를 세어 보세요. 하나, 둘, 셋, 넷.

같은 종류의 장난감(구슬, 팽이, 미니 자동차)을 4개씩 모아 보고,
각각 수를 세어 보세요.

칭찬 스티커를
붙이세요.

문제를 다 푼 다음, 32쪽으로!

숫자 5

 손가락으로 숫자 5를 따라 쓰세요.

 5(오, 다섯)를 소리 내어 읽어 보세요.

오(다섯)

곧은 목, 둥근 배, 그 위에 반듯한 모자. 숫자 5는 정말 재미있게 생겼어.

 점선을 따라 숫자 5를 순서대로 쓰세요.

 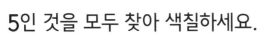

 5인 것을 모두 찾아 색칠하세요.

    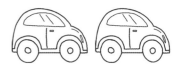

탈것과 바퀴의 수를 세어 보고, 수가 5인 것을 모두 찾아 숫자 5와 선으로 이으세요.

5

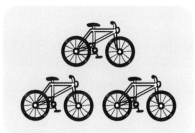

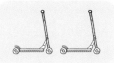

 숫자 5를 순서대로 쓰세요.

주먹을 쥔 다음, 손가락을 하나씩 펴면서 모두 몇인지 수를 세어 봐.

 숫자 5 놀이

산책을 하거나 자동차를 타고 갈 때, 지나가는 자전거나 자동차의 수를 하나에서 다섯까지 세어 보세요.

손가락을 하나씩 펴면서 하나부터 다섯까지 수를 세어 보고, 하이 파이브를 해 보세요.

둘이 짝을 지어 누가 먼저 같은 종류의 물건 다섯 개를 찾아 오는지 게임해 보세요.

칭찬 스티커를 붙이세요.

13

문제를 다 푼 다음, 32쪽으로!

숫자 0~5

 같은 수를 나타내는 것끼리 선으로 이으세요.

점선을 따라 숫자도 써 봐.

다섯

둘

하나

넷

영

셋

나뭇잎에 쓰인 수만큼 점이 있는 무당벌레 스티커를 붙이세요.

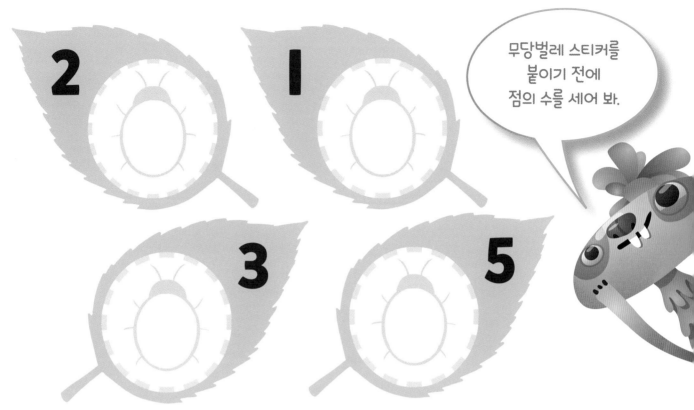

무당벌레 스티커를
붙이기 전에
점의 수를 세어 봐.

 각각의 숫자에 해당하는 색깔로
꿀벌을 색칠하세요.

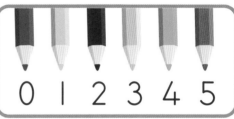

0 1 2 3 4 5

칭찬 스티커를
붙이세요.

문제를 다 푼 다음, 32쪽으로!

숫자 6

 손가락으로 숫자 6을 따라 쓰세요.

 6(육, 여섯)을 소리 내어 읽어 보세요.

6

육(여섯)

아래로 비스듬히 쭉 그어 둥글게 동그라미를 만들면 숫자 6!

 점선을 따라 숫자 6을 쓰세요.

 애벌레 6마리와 나비 6마리를 선으로 이으세요.

 다리가 여섯인 곤충을 모두 찾아
숫자 6과 선으로 이으세요.

 곤충의 다리를
하나씩 짚으며
수를 세어 봐!

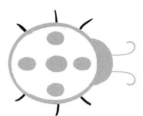

 **6**

 숫자 6을 쓰세요.

숫자 6 놀이

정원이나 공원에 있는 꽃과 나뭇잎 등을 찾아 수를 세어 보세요.

큰 소리로 하나에서 여섯까지 수를 세면서 여섯 번 깡충깡충 뛰어 봐요.
손뼉도 여섯 번 쳐 봐요. 큰 걸음으로 여섯 걸음을 걸어 봐요.

칭찬 스티커를
붙이세요.

문제를 다 푼 다음, 32쪽으로!

숫자 7

 손가락으로 숫자 7을 따라 쓰세요.

 7(칠, 일곱)을 소리 내어 읽어 보세요.

칠(일곱)

아래로 살짝 내려 그은 다음, 옆으로 곧게 가다가 아래로 비스듬하게 쭉 내리면 숫자 7이야.

 점선을 따라 숫자 7을 순서대로 쓰세요.

 ★★ 수를 세어 보고, 수가 7인 것을 모두 찾아 ◯표 하세요.

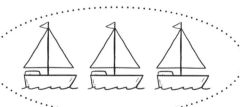

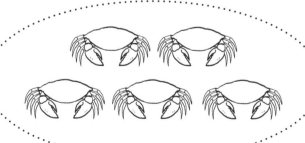

 양동이 스티커를 붙인 다음, 양동이와 모래 삽의 수를 각각 세어 몇인지 말해 보세요.

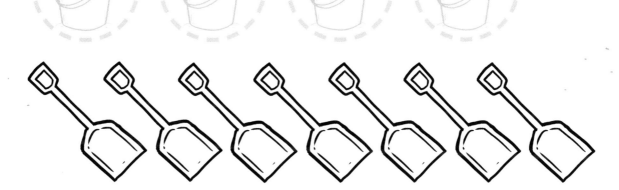

 숫자 **7**을 순서대로 쓰세요.

7

달력이나 시계에서
숫자 **7**을 찾아볼래?

 숫자 7 놀이

커다란 동그라미 7개를 그린 다음, 알록달록 예쁘게 색칠해요.

블록 7개를 위로 쌓아 높은 빌딩을 만들어 보세요. 옆으로 길게 늘어놓아서
기다란 기차도 만들어 보세요.

칭찬 스티커를
붙이세요.

19

문제를 다 푼 다음, 32쪽으로!

숫자 8

꽈배기 모양의 8!

팔(여덟)

 손가락으로 숫자 8을 따라 쓰세요.

 8(팔, 여덟)을 소리 내어 읽어 보세요.

 점선을 따라 숫자 8을 쓰세요.

 8 8 8 8 8

 과일의 수가 8인 것을 모두 찾아 ◯표 하고, 그릇과 선으로 이으세요.

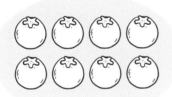

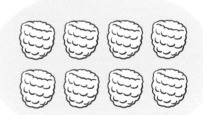

 8가지 색의 색연필로 각각의 과일과 채소를 칠하세요.

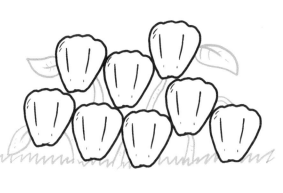

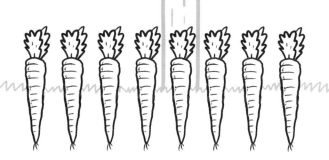

 숫자 **8**을 쓰세요.

 숫자 8 놀이

리본이나 스카프를 이용하여 공중에서 8자 모양이 되도록 흔들어 보세요.

색점토를 길게 굴린 다음, 숫자 8을 만드세요.

칭찬 스티커를 붙이세요.

문제를 다 푼 다음, 32쪽으로!

숫자 9

 손가락으로 숫자 9를 따라 쓰세요.

 9(구, 아홉)를 소리 내어 읽어 보세요.

구(아홉)

고리 하나에 반듯한 선을 연결하면 숫자 9!

 점선을 따라 숫자 9를 쓰세요.

9 9 9 9 9

 숫자 9를 모두 찾아 색칠하세요.

3	9	9	9	4
1	9	6	9	2
7	9	9	9	8
2	0	5	9	1
8	6	1	9	0
4	3	7	9	5

숫자 9를 모두 찾았니?

22

어떤 공으로 할 수 있는 운동을 제일 좋아해?

 공의 수를 세어 보고, 수가 **9**인 것을 모두 찾아 숫자 **9**와 선으로 이으세요.

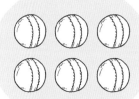

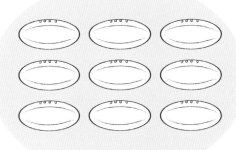

9

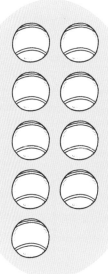

 숫자 **9**를 쓰세요.

9

 숫자 **9** 놀이

공을 9번 팅기거나 발로 차 보세요.

번호 찾기 탐정이 되어 볼까요? 집 안에서 숫자 9를 찾아보세요. 무엇에서 찾을 수 있을까요?

칭찬 스티커를 붙이세요.

문제를 다 푼 다음, 32쪽으로!

숫자 10

 손가락으로 숫자 10을 따라 쓰세요.

 10(십, 열)을 소리 내어 읽어 보세요.

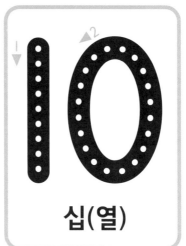

십(열)

 점선을 따라 숫자 10을 순서대로 쓰세요.

숫자 10이 쓰인 문을 모두 찾아 색칠하세요.

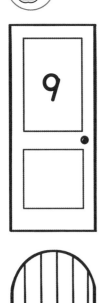
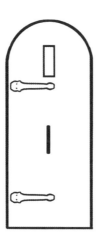
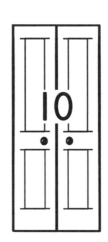

뚝뚝!

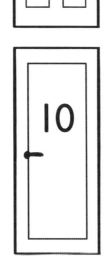
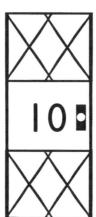

누구세요?

 그림에서 10을 모두 찾아 ◯표 하세요.

 숫자 10을 순서대로 쓰세요.

 숫자 10 놀이

10개의 블록을 쌓거나, 10권의 그림책을 위로 쌓아요.

스케치북에 양손을 차례대로 놓고, 가장자리를 따라 손 모양을 그리세요.
그리고 각각의 손가락에 1부터 10까지 차례대로 숫자를 써요.
숫자가 쓰인 손가락을 하나씩 가리키며 큰 소리로 수를 세어 보세요.

칭찬 스티커를
붙이세요.

문제를 다 푼 다음, 32쪽으로!

숫자 6~10

같은 수를 나타내는 것끼리 선으로 이으세요.

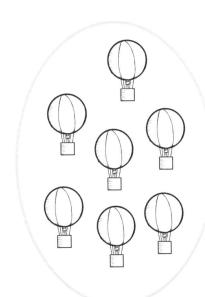

일곱

여섯

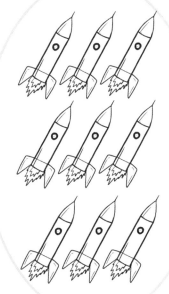

아홉

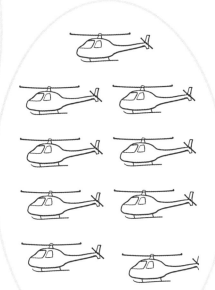

열

여덟

점선을 따라
6부터 10까지
숫자를 써 봐.

 각각의 나무에 달린 사과의 수를 세어 보세요.

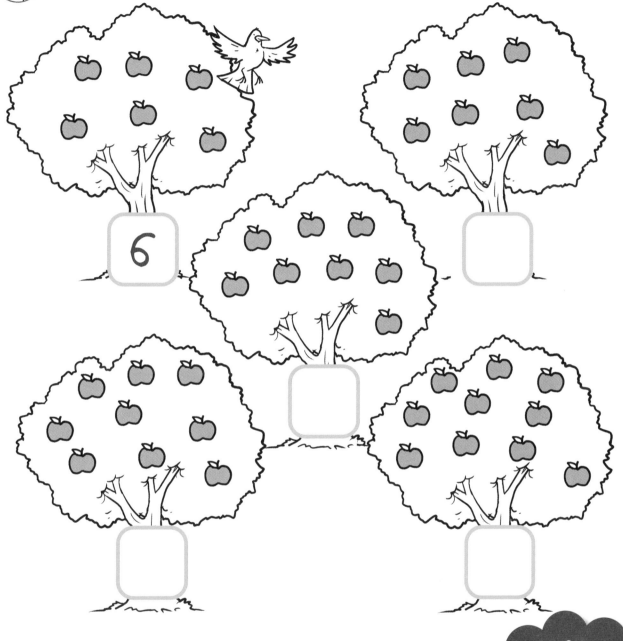

6

 사과의 수를 각각 ☐ 안에 쓰세요.

6부터 10까지 수를 순서대로 선으로 이으세요.

칭찬 스티커를 붙이세요.

문제를 다 푼 다음, 32쪽으로!

숫자 0~10

 같은 수를 나타내는 것끼리 선으로 이으세요.

0   1   2   3   4   5

셋   영   다섯   넷   둘   하나

빈 곳에 빠진 숫자를 쓰세요.

0   3   5

아홉 　　일곱 　　열 　　여섯 　　여덟

칭찬 스티커를
붙이세요.

문제를 다 푼 다음, 32쪽으로!

 0부터 5까지의 숫자를 순서대로 쓰세요.

 펭귄이 물고기를 찾으러 가요. 0부터 10까지 순서대로 각 칸을 색칠해서 길을 만들어 주세요.

	0	4	8	10	7
	1	2	6	3	2
4	7	3	0	5	8
1	5	4	9	10	
9	6	7	8	6	

 6부터 10까지의 숫자를 순서대로 쓰세요.

 5보다 작은 수를 모두 찾아 ◯표 하세요.

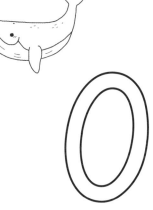

위의 양말에 쓰여 있는
숫자를 보면서 5보다 작은 수를 말해
볼래? 1, 2, 3, 4.
이번에는 5보다 큰 수도
말해 봐.

칭찬 스티커를
붙이세요.

 5보다 큰 수를 모두 찾아 색칠하세요.

문제를 다 푼 다음, 32쪽으로!

나의 실력 점검표

 얼굴에 색칠하세요.

쪽	나의 실력은?	스스로 점검해요!
2~3	0을 쓰고 셀 수 있어요.	😊 😐 😟
4~5	1을 쓰고 셀 수 있어요.	😊 😐 😟
6~7	2를 쓰고 셀 수 있어요.	😊 😐 😟
8~9	3을 쓰고 셀 수 있어요.	😊 😐 😟
10~11	4를 쓰고 셀 수 있어요.	😊 😐 😟
12~13	5를 쓰고 셀 수 있어요.	😊 😐 😟
14~15	0부터 5까지 쓰고 셀 수 있어요.	😊 😐 😟
16~17	6을 쓰고 셀 수 있어요.	😊 😐 😟
18~19	7을 쓰고 셀 수 있어요.	😊 😐 😟
20~21	8을 쓰고 셀 수 있어요.	😊 😐 😟
22~23	9를 쓰고 셀 수 있어요.	😊 😐 😟
24~25	10을 쓰고 셀 수 있어요.	😊 😐 😟
26~27	6부터 10까지 쓰고 셀 수 있어요.	😊 😐 😟
28~29	0부터 10까지 쓰고 셀 수 있어요.	😊 😐 😟
30~31	0부터 10까지 수의 순서를 알고, 순서대로 수를 쓸 수 있어요.	😊 😐 😟

나와 함께 한 공부 어땠어?

정답

2~3쪽

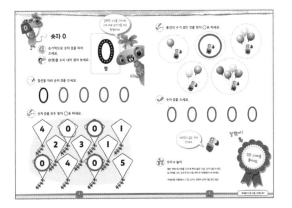

4~5쪽

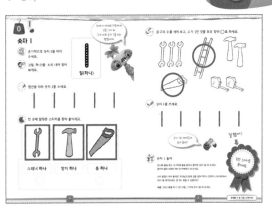

6~7쪽

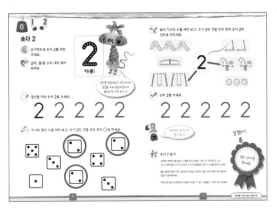

8~9쪽

10~11쪽

12~13쪽

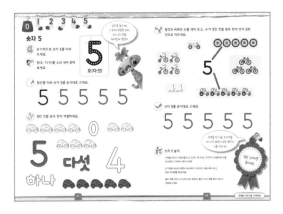

14~15쪽

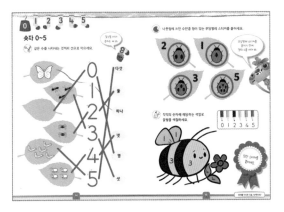

16~17쪽

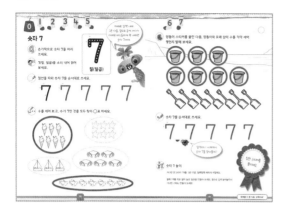

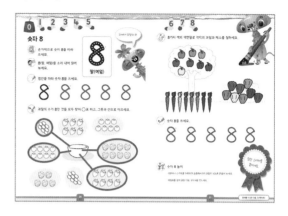

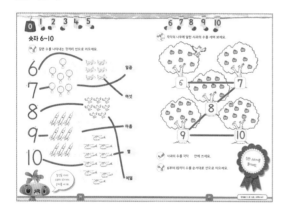

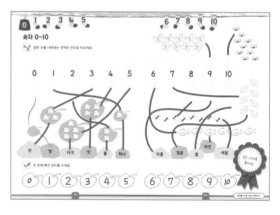

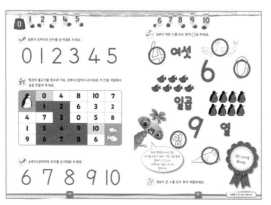

런런 옥스퍼드 수학

1-1 수 0~10 알기

초판 1쇄 발행 2022년 12월 6일
글·그림 옥스퍼드 대학교 출판부 **옮김** 상상오름
발행인 이재진 **편집장** 안경숙 **편집 관리** 윤정원 **편집 및 디자인** 상상오름
마케팅 정지운, 김미정, 신희용, 박현아, 박소현 **국제업무** 장민경, 오지나 **제작** 신홍섭
펴낸곳 (주)웅진씽크빅
주소 경기도 파주시 회동길 20 (우)10881
문의 031)956-7403(편집), 02)3670-1191, 031)956-7065, 7069(마케팅)
홈페이지 www.wjjunior.co.kr **블로그** wj_junior.blog.me **페이스북** facebook.com/wjbook
트위터 @wjbooks **인스타그램** @woongjin_junior
출판신고 1980년 3월 29일 제406-2007-00046호
원제 PROGRESS WITH OXFORD: MATH
한국어판 출판권 ©(주)웅진씽크빅, 2022 **제조국** 대한민국

『Numbers up to 10』 was originally published in English in 2018.
This translation is published by arrangement with Oxford University Press.
Woongjin Think Big Co., LTD is solely responsible for this translation from the original work and
Oxford University Press shall have no liability for any errors, omissions or inaccuracies or ambiguities
in such translation or for any losses caused by reliance thereon.

Korean translation copyright ©2022 by Woongjin Think Big Co., LTD
Korean translation rights arranged with Oxford University Press through EYA(Eric Yang Agency).

ISBN 978-89-01-26511-7
ISBN 978-89-01-26510-0 (세트)

잘못 만들어진 책은 바꾸어 드립니다.
주의 1. 책 모서리가 날카로워 다칠 수 있으니 사람을 향해 던지거나 떨어뜨리지 마십시오.
    2. 보관 시 직사광선이나 습기 찬 곳은 피해 주십시오.